Magi, dènye elefan ALASKA

pa Jennifer Keats Curtis
Ilistre pa Phyllis Saroff

Te gen yon lè , te gen de elefan ki t ap viv Alaska. Anabèl, yon elefan ki te soti an azi te rive an premye. Li t ap viv nan pak zowolojik Alaska a. Lefèt ke elefan yo se bèt ki viv an twoupo epi yo bezwen zanmi, gadyen an mennen Magi, yon elefan ki te soti an afrik pou rete ak Anabèl.

Malgre de espès sa yo te diferan, yo te vin zanmi. Anpil ane pase, malgre li fè frèt, elefan yo te alèz paske yonn t ap sipòte lòt. Anabèl vin mouri.

San Anabèl, Magi vin ap viv san espwa. Moun k ap siveye l yo eseye remonte moral li. Lè nèj ap tonbe, yo mete mukluks (pantouf) nan pye li. Lè pye Magi fè l mal, moun k ap siveye l yo netwaye li epi pase lim nan zong li. Jou anèvisèsè li, gadyen li an Michelle vèni zong li epi verifye pye li.

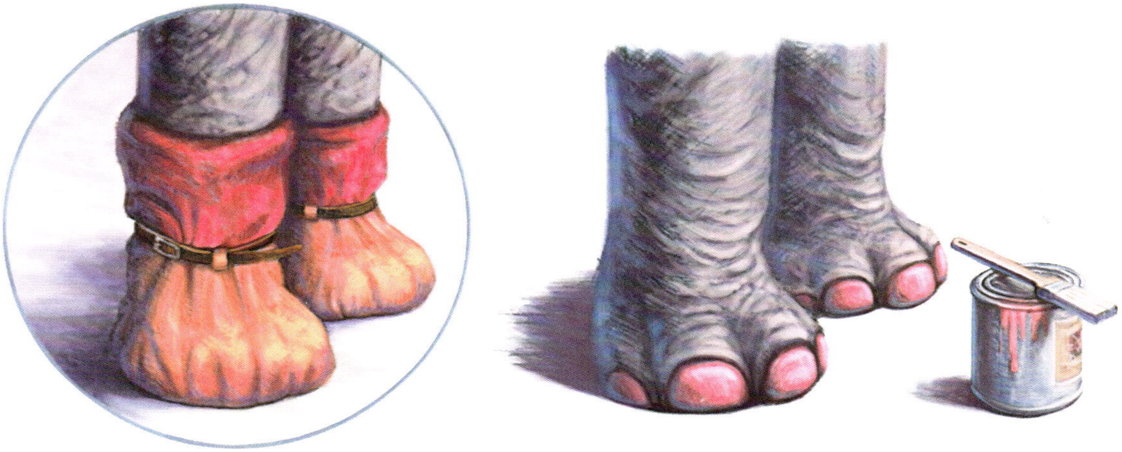

Pou Magi atire atansyon moun, li fè gwo bri. Gadyen li yo ankouraje l fè bri, menm jan nou menm nou konn ap fè chen nou yo jape lè nou di "pale!" Lè veterinè a vaksinen Magi, Michelle ba li sirèt. Magi ranmase kado a tou dousman a twonp li.

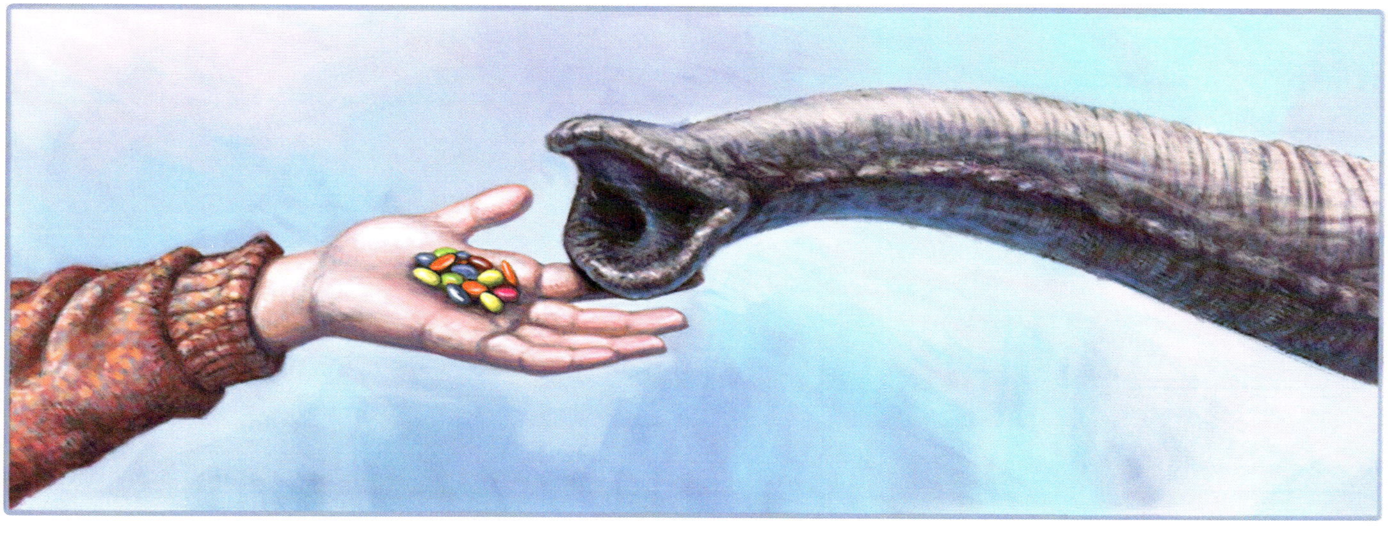

Lè Magi pa jwenn lòt elefan, li vin fè zanmi ak yon kawoutchou. Li ale ak kawoutchou a tout kote. Li voye l anlè a twonp li, epi li mete l ant dèyè li e yon mi. Lè li fè lè pou li manje, Magi pran kawoutchou a. Lè li fin manje, li pran kawoutchou a ankò. Lannuit, lè gadyen yo ale, Magi woule kawoutchou a nan twonp li. Chak maten, Lè gadyen yo rive, yo jwenn Magi pou kont li ak kawoutchou li ap tann yo.

Nan lanati, elefan yo rete ansanm tankou se yon fanmi. Toujou pwòch yonn ak lòt, yo toujou ap mare twonp yo ansanm, kole tèt yo pou yonn apiye sou lòt. Lè yon elefan ap repoze, gen yon lòt ki kanpe kote li. Ti bebe elefan yo antre twonp yo nan bouch manman yo. Yo itilize twonp yo pou kenbe ke manman yo.

Men Magi pat gen lòt elefan. Li te sèlman gen kawoutchou a.

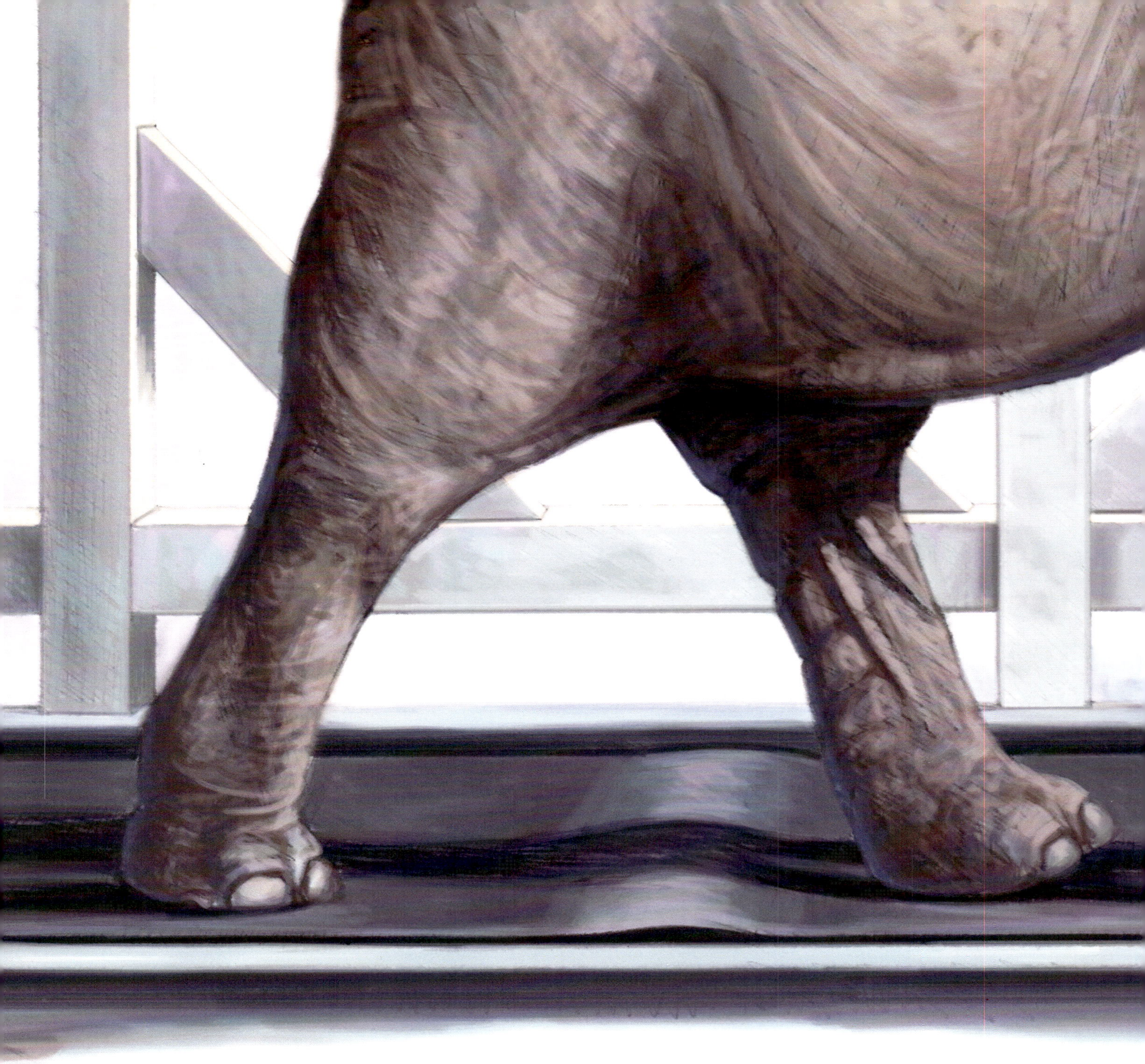

Moun ki zanmi Magi yo t ap fè kè sote pou li. Yo fè yon gwo tapi woulan pou li ki koute $150,000 dola pou li ka fè egzèsis. Magi pa t renmen son tapi a te konn ap fè a.

Moun Alaska yo te kontan pou yon gen Magi nan pak zowolojik yo a, men yo te pè tou paske yon pak zowolojik ki fè frèt se pa pi bon kote pou yon elefan rete.

Gen yon jou Magi vin malad. Li kouche yon kote li paka leve. Ponpye yo vin pote l sekou. Yo eseye leve li avèk yon pouli. Magi te tèlman lou, motè pouli a kraze. Alafen, gen yon dezyèm kamyon ki gen pi gwo motè ki rive leve Magi.

Anplwaye pak la te wè li te lè pou Magi ale. Li bezwen rete yon kote ki cho, ak elefan parèy li.

Erezman Sosyete ki okipe yo de Byennèt Bèt ki fè Espektak (PAWS) nan Kalifòni yo te bezwen Magi. PAWS sove bèt ki gen bezwen, li pran lous, lyon epi de gwoup elefan. Epi Michelle ki t ap gade Magi te fèk al rete la.

Mwayen ki pi rapid pou transpòte yon bèt ki peze 8,000 liv a plizyè milye kilomèt se nan yon gwo avyon. Lame Lè Ameriken an te ofri avyon kago li a si gen moun ki vle peye pou vòl la. Yon gran vedèt televizyon te tande pale de Magi e li deside bay èd pa li. Li peye pou vwayaj la.

Yo fè yon gwo kaj pou Magi. Li te gen ase espas pou lè Magi kanpe ladan li pou l ka alèz. Se t ap yon gwo danje pou li te kouche. Li gendwa paka leve.

Pandan plizyè semenn antrenè yo travay ak Magi. Okòmansman, li te an kòlè epi li t ap trennen pye li lè li t ap antre nan kaj la. Li te dwe rete san li pa fè okenn mouvman pandan vòl la. Sa ta dwe fè pè, men Magi te brav e li te gen kouraj, li te aprann vit. Chak fwa l ap antre nan kaj la, li te pi trankil epi li te rete yon ti kras pi lontan.

Lè moman an rive pou Magi te kite Alaska, byen trankil li mache li antre nan kaj la, jan yo te montre li a. Yon gwo pouli mete kaj la sou yon kamyon. Lè kamyon an ap antre nan pòt pak zowolojik la, Magi leve twonp li fè yon kout twonpèt pou li di orevwa.

Pandan yo nan avyon an, gadyen Magi yo fè l rete trankil epi yo ofri l dlo, fwi ak legim. Kòm kado espesyal yo te ba li M&Ms® ak Skittles®. Veterinè yo te vwayaje ansanm avèk Magi pou yo asire yo li an sekirite epi li an sante pandan vwayaj la.

Moun ki zanmi Magi yo te kontan men yo te yon ti jan pè pou avni li. Èske gwoup PAWS la ap aksepte li? Li te gen 24 lane men li t ap viv san okenn elefan bò kote li depi 10 lane.

Lè Magi te rive nan PAWS, Michelle te gentan la ap tann li. Magi lonje twonp li. Li mete l nan men Michelle pou li salye li. Michelle fè yon ti bo nan twonp li, yon ti bo elefan. Michelle di "Bonjou, Magi!". Magi reponn salitasyon Michelle la.

Magi soti nan kaj la. Veterinè a konsilte li. Li te twò bonè pou yo lage l avèk gwoup kat elefan afriken yo; men li te ka wè yo epi santi yo, e yo menm tou, yo te wè li e yo te santi l. Paske li te tèlman malad Alaska, li te bezwen reprann fòs li. Anplwaye yo ankouraje l monte e desann pant yo. Pou premye fwa, Magi aprann fè fòs sou yon pyebwa pou pouse li, yon espò elefan ki lage yo renmen fè.

Aprè plizyè semenn, Magi vin adapte li a anviwònman li ye a epi li vin geri. Epi lè a te vin rive pou li rankontre gwoup elefan yo.

Anplwaye yo retire Magi nan kaj la. Li wè lòt elefan yo, li ouvri zòrèy li epi pwoche yo. Li lanse twonp li nan direksyon yo pou li fè yo konnen li se yon elefan.

Pa lòt bò baryè a, Magi wè gwoup li a ki gen Mara, Ruby, Lulu epi lidè twoup la ki te rele 71. Yo franchi baryè a epi yo yonn touche lòt. Yonn ap manje a kote lòt.

Epi yo pale, yo gwonde epi yo fè lòt bwi fen nou menm moun nou paka tande. Pandan yon bon tan Magi ak twoup elefan yo te rete pwòch yonn lòt, men te gen yon kloti ki separe yo.

Alafen, Magi te vin gen ase fòs pou li te rejwenn gwoup la. Anplwaye yo byen eksite ouvri pòt la pou li. Magi ka petèt gwo, men li tou piti parapò a elefan afriken yo. Magi al jwenn lòt elefan yo.

Touswit gen kat gwo elefan antoure li, y ap gwonde, fè bwi avèk twonp yo. Magi gade gwoup li a. Li retounen al jwenn lòt elefan yo.

Konsa, Magi te santi l lakay li.

Nan PAWS, Magi pa t janm pou kont li. Li te gen fòs e li te kontan, li pa fasil detache li de bon zanmi li Lulu. Mara vin jwenn yo tout tan. Yo mache nan tout plenn nan, manje fèy bwa sèch ak zèb. Yo jwe nan twou dlo yo jwenn epi yo benyen nan labou, menm jan yo te ka fè si yo te lage.

Lè Lulu ap dòmi, Magi ap siveye li. Yo de a pataje menm espas nan pak elefan an. Lannuit, yo bay elefan yo ti kado tankou pèpèt, boul Boomer®.

E pati ki pi enteresan an?

Magi vin pa bezwen kawoutchou a
ankò paske li vin gen zanmi elefan.

Pou Espri Kreyatif

Mèt liv sa a ka fotokopye oswa enprime seksyon sa a apati sitwèb nou an pou rezon edikatif epi ki pa komèsyal. Sou entènèt la, n ap jwenn disponib aktivite ansèyman milti-disiplinè pou itilize lakay oswa nan salklas, ti tès entèraktif ak lòt ankò.

Vizite www.ArbordalePublishing.com pou eksplore resous adisyonèl.

Twoupo Elefan

Elefan yo se bèt sosyal ki entelijan anpil. Lè yo lage, yo viv an twoupo ak yon gran fanmi elefan. Yo lye yonn ak lòt depi lè yo piti, epi yo yonn pran swen lòt. Anjeneral, femèl yo asosye yo e yo rete ansanm tout vi yo epi mal yo, yo pati pou kont yo, yo fè zanmi a lòt fanmi oswa yo fè gwoup a lòt mal parèy yo.

Lidè a, chèf femèl yo pran kontwòl yo tout. Anpil fwa se konn elefan ki pi gran an epi li gen yon bon memwa. Travay li se mennen twoupo a kote pou yo jwenn manje, kote y ap jwenn twou dlo, kote ki gen lonbraj epi kote an sekirite pou yo ka pase nwit lan. Gwo elefan yo manje anpil, yo gen apeti; pachidèm yo pase jiska 20 èdtan nan yon jounen ap chèche manje. Yo renmen jwe, benyen epi repoze yo tou. Elefan yo ka dòmi tou kanpe, konsa tou yo ka dòmi kouche. Lè yon elefan kouche, gen yon lòt ki kanpe a kote li pou siveye l.

Manman elefan yo akouche chak kat a sis lane epi yo fè yon sèl pitit. Manman, sè, matant ak kouzin ti bebe yo toujou pran swen bebe a, espesyalman lè l ap lite pou aprann itilize twonp lan. Chak jou elefan yo fè plizyè son diferan pou yo kominike ant yo menm, genyen nan son sa yo moun paka tande, yo fè jès tou pou yo ka kominike tankou make pa epi bat zòrèy yo. Yo viv an fanmi. Lè yon elefan mouri, tout rès twoupo a an dèy.

Pak Zowolojik

Jounen jodi a, moun k ap siveye pak zowolojik yo konnen bèt ki lage yo ak istwa natirèl yo byen. Gadyen yo eseye bay elefan yo opòtinite pou fè egzèsis, pou yo aprann epi pou yo akonpanye lòt elefan plis ke posib. Gadyen yo pran nòt sou kisa elefan yo manje epi kisa yo bwè, ki medikaman yo pran, epi ki konpòtman yo genyen pou asire yo elefan yo kontan e yo an sante.

Nan pak zowolojik yo, espas pou akeyi gwoup elefan ki renmen pwomennen epi chèche manje yo, ansanm ak espas kote pou yo repoze yo tou, li ase laj e natirèl posib. Espas yo ka gen ti mòn, tè plat, kote ki gen lonbraj ak twou dlo (oswa ti rigòl dlo) petèt ka genyen labou tou pou yo ka woule. Lefèt ke elefan yo bezwen mache chèche manje, yo kapab gaye manje yo nan tout zòn nan. Yo gendwa pandye fèy sèch nan filè sou tèt elefan yo pou yo ka lonje twonp yo pran li, sa ap ede yo ranfòse misk nan kou yo, nan do yo ak nan twonp yo. Elefan yo bezwen itilize gwo sèvo yo a, se pou sa gadyen yo ba yo ti travay sa yo pou yo fè. Lè gadyen yo mete manje yo nan baril ki gen twou, elefan yo dwe fè kou yo konnen pou yo jwenn manje a. Lè li fè cho, elefan yo ka gen chans manje anpil sisèt glase. Yo jwe ak bagay ki difisil pou kraze, boul Boomer® epi ak kès lèt.

Elefan yo pa fè okenn teyat nan pak zowolojik yo. Tout antrènman an se pou rete an sekirite epi an sante. Pa egzanp, gen de fwa elefan nan pak yo konn pa fè ase egzèsis, pye yo vin rèd. Yon gadyen ka antrene yon elefan pou fè pye l touche yon ba oswa yon repoz pye. Montre yon elefan pou mete pye l yon kote epi kite pye a bay gadyen an tan pou li byen verifye pye elefan an ak zong li.

Pafwa yon bèt tankou Magi pa fè pwogrè nan pak. Lè sa rive, gadyen yo fè tout sa ki posib pou yo ka pran swen bèt la. Yo gendwa chanje fason bèt la manje oswa pwopoze l fè lòt aktivite. Si bèt la malad, gadyen yo ap asire yo bèt la jwenn swen. Si yon pak paka reponn a bezwen yon bèt, y ap chèche yon lòt espas kote bèt la kapab viv. Yo kapab voye bèt la nan yon lòt pak oswa nan yon sanktyè pou bèt.

Si w te yon gadyen elefan kisa w t ap fè:

- pou w pran swen elefan an?
- pou ede elefan an fè zanmi?
- si elefan an malad?
- si elefan an parèt tris?
- si elefan an bezwen yon lòt kote pou l rete?

Kesyon e Repons ak Gadyen Michelle Harvey

Èske Magi manje anpil?

Magi manje apeprè 250 liv manje pa jou, men li ka varye, sa depan de sezon an. Li manje zèb sèch, ekòs bwa, branch bwa (tankou akasya, bwadchèn ak banbou), sondeble, pen, epi fwi ak legim fre. Magi chèche pwòp manje li pandan jounen an. Aswè li manje andedan pak la.

Ki manje Magi pi renmen? Èske nou toujou ba li kado lè li fè sa nou mande l fè?

Manje prefere Magi se bannann, kal pen epi branch akasya (sa k soti an afrik yo). Yo itilize sèlman teknik ranfòsman pozitif yo pou antrene Magi, sa vle di li resevwa rekonpans lè li afiche bon konpòtman. Konpòtman li aprann genyen yo pèmèt gadyen yo ak veterinè yo pi byen pran swen li. Se yon fason senp, agreyab pou drese bèt e li baze sou kolaborasyon. Pa janm gen pinisyon. Magi pa janm gen pou obeyi a yon lòd, li vle li patisipe! Wi, nou toujou ba li ti bonbon, sirèt kòm rekonpans espesyal, tankou lè y ap pran san li pa egzanp.

Èske gen manje li pa renmen?

Magi pa renmen berejèn, sitwon ak zoranj. L ap voye yo sou ou!

Konbyen Magi peze?

Magi peze apeprè 8,300 liv, li prèske gen menm pwa ak yon ti kamyon. Li kanpe sou yon balans ki nan yon gliswa epi li travèse li pou li ka soti nan pak la. Nou ba li kado paske li rete kanpe pou nou ka pran pwa li.

Èske se dlo sèlman li bwè?

Wi, Magi bwè sèlman dlo epi li renmen lè l cho. Twonp yon elefan ka kenbe 2 galon dlo edmi. Magi ka bwè jiska 80 nan yon jounen, apeprè de benywa dlo.

Èske Magi konn fè cho?

Michelle Harvey ak Magi

Magi pa fè cho men li lib pou l fè tout sa yon elefan te ka fè. Li remen bat labou, fwote twonp li sou lòt elefan, rache branch bwa, epi chase twoupo kodenn!

Èske l gen jwèt?

Wi. Li gen yon gwo boul Boomer® ki gen twou ladan l. Nou plen boul la ak kado. Li woule boul la, li ba l kout pye pou sa ki ladan l yo ka tonbe. Magi ak lòt elefan yo jwe ak bout bwa epi branch bwa yo. Yo voye yo anlè epi pote yo sou do yo. Magi renmen jwe nan dlo tou!

Èske Magi fè anpil bwi?

Magi fè bwi anpil. Li gwonde, li wonfle. Lè l kontan oswa l ap salye lòt elefan, li klewonnen fò tankou yon motè avyon.

Èske l te difisil pou Magi te adapte li a tanperati cho a apre tout tan li te pase Alaska yo?

Non. Tanperati cho a se yon anviwònman natirèl pou yon elefan. Li bon pou Magi.

A kisa yon jounen Magi sanble nan PAWS?

Magi pase tout jounen li ak lòt elefan yo. Lulu se pi bon zanmi l. Li genyen Mara, Thika ak Toka tou ki ap dekouvri zèb yo, pyebwa yo, twou dlo yo, labou yo, lak yo e mòn yo ansanm avèk li. Li souvan fè bon tan ak bon solèy cho. Nwit ki fè frèt yo li gendwa dòmi nan yon pak ki cho men anjeneral, li prefere fè ti poze sou zèb la. Chak jou li pran yon beny cho, pou li ka rejwi, li gwonde epi li fè kèk kout twonpèt! Moun k ap pran swen li yo prepare manje manten ak soupe pou li (sereyal, sondeble, sipleman vitamin, fwi ak legim epi zèb sèch), men lè li deyò, li manje zèb, fèy ak ekòs bwa. Nou koupe zong li epi nou kontwole pye li pandan seyans antrènman yo. Se nan moman sa a li ka jwenn bonbon kòm rekonpans! Li fè sa li vle nan jounen li. Nou pa janm fòse l fè anyen, ni nou pa pini li. Li gen libète pou l rete yon elefan.

Kijan w ka fè konnen si Magi kontan?

Mwen pa konnen si Magi kontan ou non. L ap viv kote yo kenbe li, olye li lage ak parèy li yo, men mwen konnen lefèt ke li pa pou kont li. Li gen zanmi elefan nan yon anviwònman pezib nan PAWS. Nou tout moun k ap pran swen li yo renmen li.

Anrichisman Animal

Bèt yo bezwen kenbe sans yo ak sèvo yo okipe tout tan! Èske w t ap vle rete menm kote a tout tan san w pa gen anyen w ap fè? Non! Bèt yo konsa tou. Gadyen yo jwenn mwayen pou ede bèt yo fè egzèsis ak kò yo e a lespri yo. Sa rele anrichisman animal.

Gadyen yo fè yon orè epi chanje aktivite yo tanzantan pou pèmèt elefan yo toujou enterese. Yo mete ti manje byen gou tankou kawòt, bannann, krèm, pèpèt plizyè kote diferan pou elefan yo ka detire pou pran yo. Nouvo sant tankou epis, vinèg, zèb chat oswa chapstick bay elefan yo defi pou dekouvri epi pouse yo reflechi. Elefan yo renmen jwe avèk bagay estriktire yo tankou branch bwa, fèy sèch, kawoutchou, boul Boomer® ak boul mate yo. Nan jwe elefan yo ka deplase de yon espas a yon lòt, soti kote dlo ap koule, rigòl ak kote ki gen lonbraj.

Kijan w travay kò w ak lespri w? Nou ta kapab di sa yo se aktivite ki fè anrichisman moun!

Pou Pat Lamp, Direktè Jeneral Pak Zowolojik Alaska, yon moun mwen admire kouraj li, angajman li ak konviksyon li. JKC

pou manman mwen ak papa mwen.—PS

Mèsi a moun sa yo ki te byen pran swen Magi epi ki te pran swen verifye ke tout sa ki ekri nan liv sa a kòrèk.
· Pat Lampi, Direktè Jeneral Pak zowolojik Alaska
· Michelle Harvey, yonn nan gadyen Magi yo
· Anplwaye Sosyete ki okipe yo de Byennèt Bèt ki fè Espektak (PAWS) yo

Nouvo fwaye Magi a te rive posib gras a fondatè PAWS yo, Ed Stewart ak defen Pat Derby, ansanm ak tout moun k ap pran swen elefan nan PAWS yo, yon ekip devwe Brian Busta e veterinè Dr. Jackie Gai ap dirije.

Fraz kle: pak, elefan, sekou bèt, refij bèt,

ISBNs Haitian Creole:
Paperback: 978-1-64351-9111
Interactive Read Aloud: 978-1-64351-9159
PDF: 978-1-6071-84836

English LC record available at https://lccn.loc.gov/2017040945

Maggie: Alaska's Last Elephant	Hardcover	9781607184508
Maggie: Alaska's Last Elephant	Paperback	9781607184614
Maggie, el último elefante en Alaska	Paperback	9781607184669

Bibliography:
Hare, Tony. Animal Fact File: Head-to-tail Profiles of over 90 Mammals. Singapore: Facts On File, 1999. 52-53. Print.
Jenkins, Martin, and Ivan Bates. Grandma Elephant's in Charge. Cambridge, MA: Candlewick, 2003. Print.
Moss, Cynthia, and Martyn Colbeck. Little Big Ears: The Story of Ely. New York: Simon & Schuster, 1997. Print.
O'Connell, Caitlin, Donna M. Jackson, and T. C. Rodwell. The Elephant Scientist. Boston: Houghton Mifflin for Children, 2011. Print.
Whittaker, Margaret, and Gail Laule. "Chapter 13: Protected Contact and Elephant Welfare." Endangered Species and Wetland Report. Endangered Species & Wetlands Report/Poplar Publishing, n.d. Web.
"Welcome to ElephantVoices." Welcome to ElephantVoices. ElephantVoices, n.d. Web.
"Performing Animal Welfare Society -- PAWS." Performing Animal Welfare Society -- PAWS. N.p., n.d. Web.
SitNews, and Http://www.sitnews.us. "SitNews: Alaska Elephant Finds New Home With Help of Air Force by Staff Sgt. Francesca Popp." SitNews: Alaska Elephant Finds New Home With Help of Air Force by Staff Sgt. Francesca Popp. Stories In The News. Ketchikan, AK, n.d. Web.

Tradui 2020 pa Dukens Floreal ak Wesly Brouard

Enprime nan Etazini
Pwodui sa a konfòm ak CPSIA 2008

Arbordale Publishing
Mt. Pleasant, SC 29464
www.ArbordalePublishing.com